幼兒全方位
智能開發

4-5歲

中文篇

中文識詞

太陽

葡萄

園丁文化

家庭
家庭成員

● 這是俊俊的家庭照。請沿線連一連，看看照片內有哪些家庭成員？

哥哥　　　弟弟　　　爸爸

（俊俊）

妹妹　　　姐姐　　　媽媽

做得好！　不錯啊！　仍需加油！

● 俊俊的家有不同的地方。請根據文字，圈出正確的圖畫。

1. 客廳

A.  B.  C.

2. 睡房

A.  B.  C.

3. 廚房

A.  B. 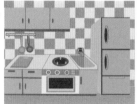 C.

4. 浴室

A. 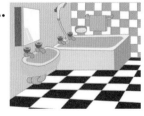 B.  C.

● 俊俊的家有什麼家具和電器？請根據圖畫，圈出正確的文字。

1.

沙發　　電腦

2.

電話　　雪櫃

3.

電腦　　電話

4.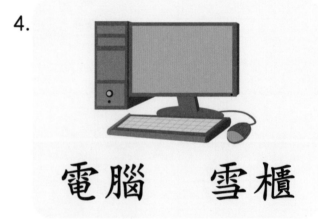

電腦　　雪櫃

你的家有上面的家具和電器嗎？試把它們指出來。

答案：1. 沙發　2. 雪櫃　3. 電話　4. 電腦

● 俊俊在家裏做什麼？請用線把圖畫和正確的文字連起來。

1.  ● ● 睡覺

2.  ● ● 吃飯

3.  ● ● 刷牙

4.  ● ● 洗澡

學校
校長、老師、同學、校工

● 這是翹翹的學校。請沿線連一連，看看學校裏有什麼人？

老師　校長　校工　同學

學校
禮堂、操場、課室、洗手間

做得好！ 不錯啊！ 仍需加油！

翹翹的學校有不同的地方。請根據圖畫，圈出正確的文字。

1.

禮堂　　操場　　課室

2.

課室　　洗手間　　禮堂

3.

操場　　課室　　洗手間

4.

洗手間　　禮堂　　操場

做得好！　不錯啊！　仍需加油！

● 翹翹上學時帶了什麼物品？請根據文字，圈出正確的圖畫。

1. 　書包

A. 　B. 　C.

2.  　書本

A. 　B. 　C.

3. 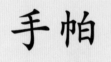 　手帕

A. 　B. 　C.

4.  　杯子

A. 　B. 　C.

答案：1.C 2.B 3.A 4.C

學校
唱歌、寫字、聽故事、吃茶點

● 翹翹在學校有什麼活動？請用線把圖畫和正確的文字連起來。

1.  ●

●
聽故事

2.  ●

●
唱歌

3.  ●

●
寫字

4.  ●

●
吃茶點

答案：1. 唱歌 2. 聽故事 3. 吃茶點 4. 寫字

公園
太陽、白雲、彩虹

● 樺樺到公園去。請沿線連一連，看看公園裏有哪些景物？

彩虹　　白雲　　太陽

10

公園
樹木、青草、花朵、葉子

● 樺樺在公園裏畫畫，畫了不同的事物。請根據圖畫，圈出正確的文字。

1.

青草　　葉子

2.

樹木　　花朵

3.

花朵　　葉子

4.

青草　　樹木

● 小朋友，公園裏還有什麼事物？試把它們畫出來吧！

答案：1. 青草　2. 花朵　3. 葉子　4. 樹木

公園

蜜蜂、蝴蝶、螞蟻、毛蟲

● 樺樺在公園裏看到哪些昆蟲？請根據文字，圈出正確的圖畫。

1.　蜜蜂

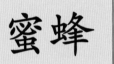 A.  B.  C.

2.　蝴蝶

A.  B. 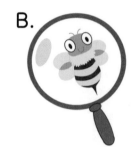 C.

3.　螞蟻

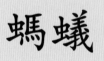 A.  B. 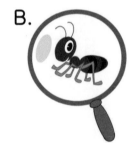 C.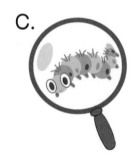

4.　毛蟲

A. 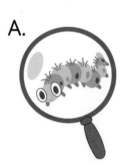 B.  C.

公園
滑梯、鞦韆、蹺蹺板、攀爬架

● 樺樺喜歡在公園裏玩各種遊樂設施。請把這些遊樂設施填上和名稱對應的顏色。

答案：

動物
斑馬、熊貓、袋鼠、長頸鹿

● 揚揚在動物園看到很多動物。請把代表動物名稱的字母填在適當的 ☐ 內。

A. 斑馬   B. 熊貓

C. 袋鼠   D. 長頸鹿

14

動物
鱷魚、猩猩、河馬、猴子

● 揚揚在動物園裏拍照。請根據圖畫，圈出正確的動物名稱。

1.

鱷魚　　河馬

2.

猴子　　猩猩

3.

猴子　　鱷魚

4.

河馬　　猩猩

小朋友，你喜歡動物園裏的什麼動物？

答案：1. 河馬　2. 猴子　3. 鱷魚　4. 猩猩

動物
海豚、海象、海獅、鯨魚

● 揚揚看到哪些海洋動物？請根據文字，圈出正確的圖畫。

1.
A.  B.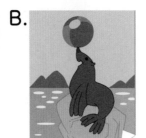

海豚

2.
A.  B.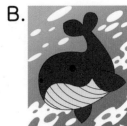

海象

3.
A.  B.

海獅

4.
A. 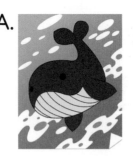 B.

鯨魚

● 小朋友，你喜歡什麼海洋生物？試把牠畫出來吧！

答案：1.A 2.A 3.B 4.A

16

動物
鯊魚、海星、螃蟹、八爪魚

● 揚揚看到哪些海洋動物？請把這些海洋動物填上和名稱對應的顏色。

鯊魚

海星

螃蟹

八爪魚

答案：

17

交通
巴士、的士、小巴、汽車

● 謙謙要出門去。請沿着路線走，看看有哪些交通工具？

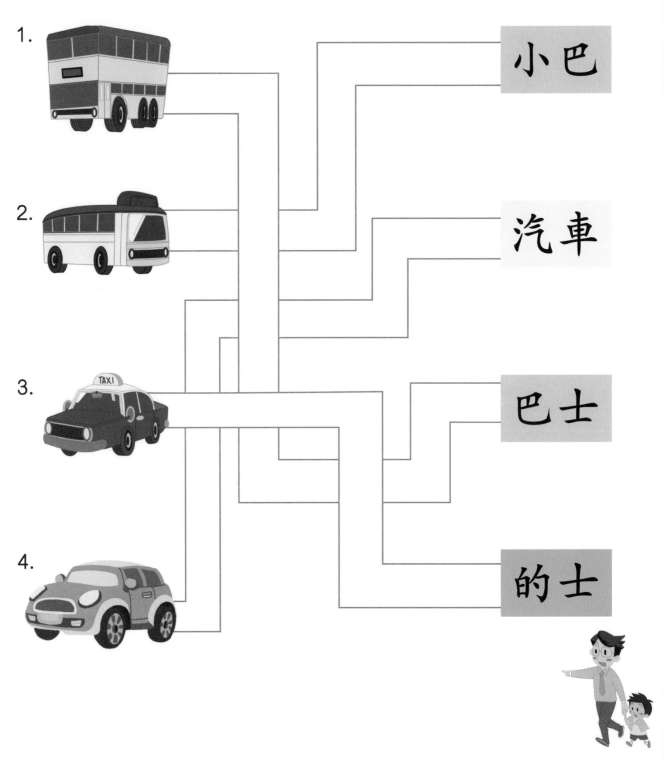

1.

2.

3.

4.

小巴

汽車

巴士

的士

答案：1. 的士　2. 小巴　3. 巴士　4. 汽車

交通
電車、輕鐵、纜車、港鐵

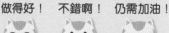

謙謙今天乘搭了不同的交通工具。請用線把圖畫和正確的交通工具名稱連起來。

1.  ● ● 港鐵

2.  ● ● 輕鐵

3.  ● ● 纜車

4.  ● ● 電車

這些交通工具都要沿着路軌行駛的。

答案：1. 輕鐵 2. 電車 3. 纜車 4. 港鐵

交通
飛機、輪船、電單車、直升機

● 謙謙還看到哪些交通工具？請根據文字，圈出正確的圖畫。

1. 飛機　A. 　B. 　C.

2. 輪船　A. 　B. 　C.

3. 電單車　A. 　B. 　C.

4. 直升機　A. 　B.　C.

答案：1.A 2.C 3.B 4.B

交通
行人隧道、行人天橋、交通燈

謙謙在馬路上看到不同的交通設施。請沿線連一連，看看馬路上有什麼交通設施。

交通燈

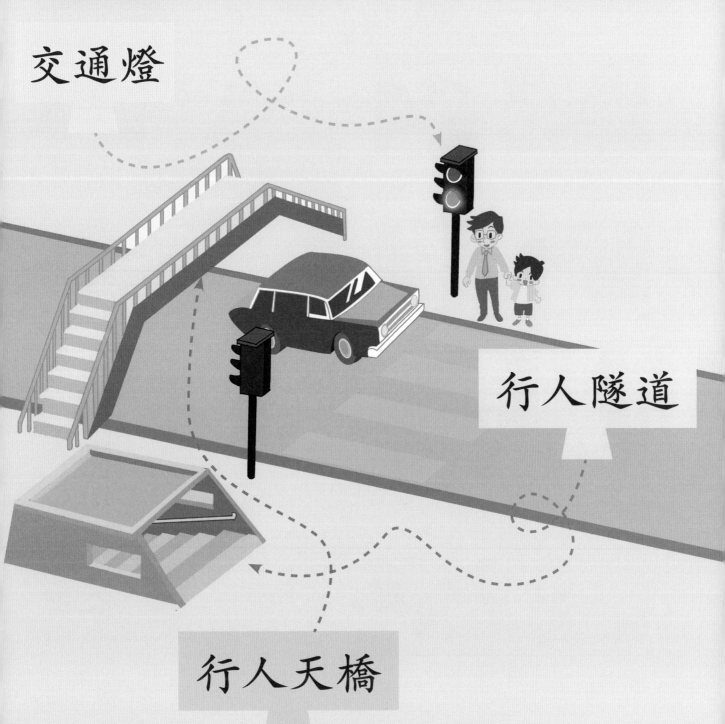

行人隧道

行人天橋

四季
春天、夏天、秋天、冬天

● 一年有四個季節。請用線把圖畫和正確的季節名稱連起來。

1. ●　　　● 春天

2. ●　　　● 夏天

3. ●　　　● 秋天

4. ●　　　● 冬天

四季
晴天、陰天、下雨、下雪

四季的天氣各有不同。請根據文字，圈出正確的圖畫。

1. 晴天　A. 　B. 　C.

2. 陰天　A. 　B. 　C.

3. 下雨　A. 　B. 　C.

4. 下雪　A. 　B. 　C.

答案：1.A 2.C 3.C 4.B

四季
温暖、炎熱、清涼、寒冷

四季的氣溫有什麼不同？請根據圖畫，圈出正確的文字。

1. 春天 　　寒冷　　清涼　　温暖

2. 夏天 　　清涼　　炎熱　　温暖

3. 秋天 　　炎熱　　寒冷　　清涼

4. 冬天 　　寒冷　　炎熱　　温暖

答案：1.温暖　2.炎熱　3.清涼　4.寒冷

四季
公園、沙灘、山頂、雪地

在不同的季節，我們會到不同的地方遊玩。請用線把圖畫和正確的文字連起來。

1.

山頂

2.

雪地

3.

公園

4.

沙灘

四季
踏單車、游泳、放風箏、堆雪人

在不同的季節，我們會進行什麼活動？請沿着路線，把圖畫和正確的文字連起來。

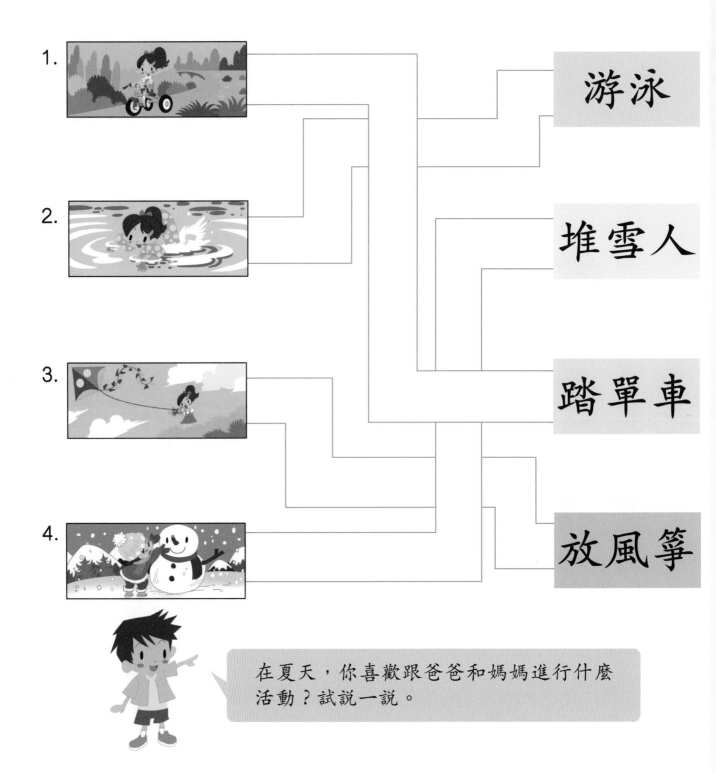

1.

2.

3.

4.

游泳

堆雪人

踏單車

放風箏

在夏天，你喜歡跟爸爸和媽媽進行什麼活動？試說一說。

答案：1. 踏單車　2. 游泳　3. 放風箏　4. 堆雪人

26

蔬果
蘋果、香蕉、西瓜、芒果

● 樂樂喜歡吃水果。請沿線連一連，看看桌子上有哪些水果？

27

蔬果
葡萄、草莓、菠蘿、奇異果

● 樂樂去買水果，他想買什麼水果？請根據文字，圈出正確的圖畫。

1. 葡萄
   A. 　　B. 　　C.

2. 草莓
   A. 　　B. 　　C.

3. 菠蘿
   A. 　　B. 　　C.

4. 奇異果

   A. 　　B. 　　C.

答案：1.A 2.C 3.B 4.C

28

蔬果
青菜、紅蘿蔔、茄子、粟米

● 樂樂在蔬果攤檔裏看到哪些蔬果？請把這些蔬果填上和名稱對應的顏色。

青菜　　紅蘿蔔

茄子　　　　粟米

答案：

29

職業
醫生、護士、警察、消防員

下面的人做什麼職業？請把圖畫和正確的文字連起來。

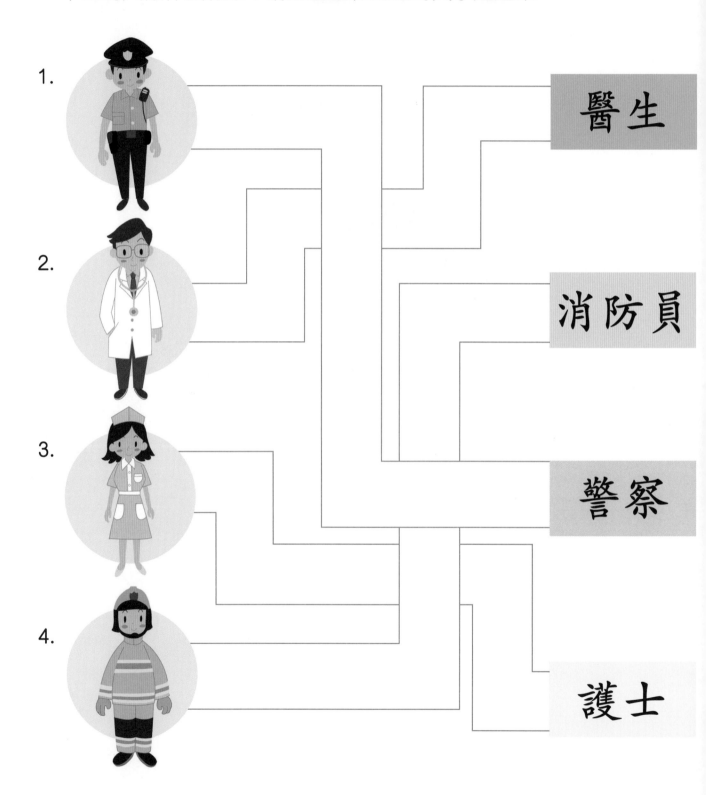

1.

2.

3.

4.

醫生

消防員

警察

護士

答案：1. 警察　2. 醫生　3. 護士　4. 消防員

職業
郵差、司機、廚師、農夫

● 下面的人做什麼職業？請根據圖畫，圈出正確的文字。

1.

司機　　廚師

2.

農夫　　郵差

3.

司機　　農夫

4.

廚師　　郵差

小朋友，你長大後想做什麼職業？

答案：1. 廚師　2. 農夫　3. 司機　4. 郵差

31

● 請根據圖畫，在字詞表中圈出正確的詞語。

1. 　2. 　3. 　4.

5. 　6. 　7. 　8.

沙發	雪櫃	電話	電腦	刷牙
吃飯	校長	老師	同學	校工
書本	書包	手帕	杯子	寫字
太陽	白雲	彩虹	樹木	蜜蜂
蝴蝶	螞蟻	毛蟲	斑馬	熊貓
袋鼠	河馬	海豚	海象	海獅
鯨魚	(巴士)	的士	小巴	電車
春天	夏天	秋天	冬天	葡萄
青菜	茄子	粟米	醫生	護士
警察	消防員	睡房	游泳	放風箏